启航篇

声光电力的秘密

这不科学啊　著

中信出版集团 | 北京

图书在版编目（CIP）数据

声光电力的秘密 / 这不科学啊著 . -- 北京：中信
出版社 , 2022.8
（米吴科学漫话 . 启航篇）
ISBN 978-7-5217-4407-1

Ⅰ . ①声… Ⅱ . ①这… Ⅲ . ①声学－青少年读物②光
学－青少年读物③电学－青少年读物Ⅳ . ① O4-49

中国版本图书馆 CIP 数据核字 (2022) 第 078077 号

声光电力的秘密
（米吴科学漫话 · 启航篇）
著者： 这不科学啊
出版发行：中信出版集团股份有限公司
（北京市朝阳区惠新东街甲 4 号富盛大厦 2 座 邮编 100029）
承印者： 北京尚唐印刷包装有限公司

开本：787mm×1092mm 1/16 印张：45 字数：565 千字
版次：2022 年 8 月第 1 版 印次：2022 年 8 月第 1 次印刷
书号：ISBN 978–7–5217–4407–1
定价：228.00 元（全 6 册）

目录

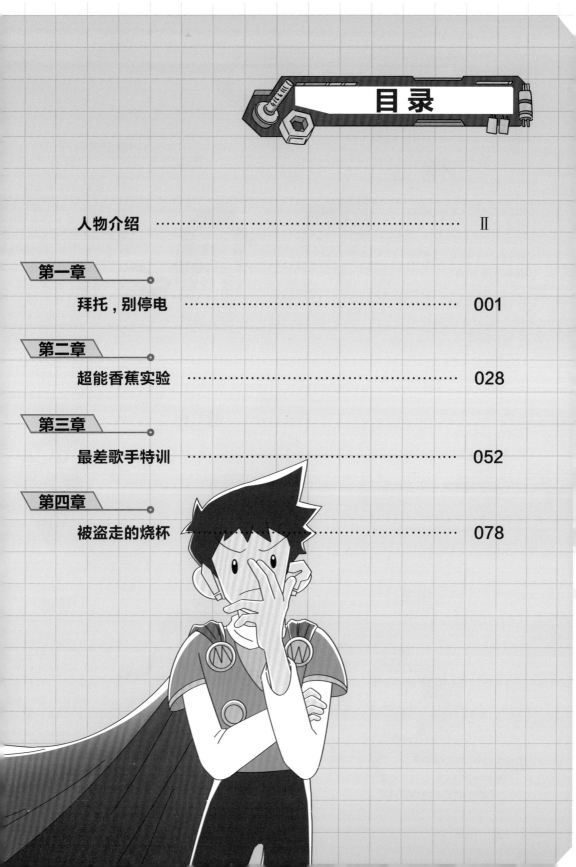

人物介绍

米吴

头脑聪明，爱探索和思考的少年。

性情较为温和，生性懒散，喜欢睡觉。

获得科学之印后被激发了探索真理和研究科学的热情。

安可霏

喜欢浪漫幻想的女生。

经常与米吴争吵，但心地善良，内心戏丰富，是科学小白，有乌鸦嘴属性。

喜欢画画，经常拿着一个画板。画得还不错，但风格抽象，别人难以欣赏。

胖尼狗

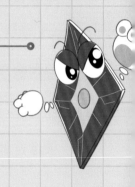

伴随科学之印出现的神秘机器人，平时藏在米吴的耳机中。

胖尼有查询资料、全息投影等能力，但要靠米吴的科学之印才能启动。

随着科学之印的填充，胖尼会不断获得新零件，最后拼成完整的身体。

温良

米吴的同班同学。体形偏胖，性格温和憨厚。学习成绩一般，重友情。崇拜比他高一年级的学姐王大刚。

罗森

米吴的同班同学，学霸一枚。森林系打扮，常推眼镜，有社交恐惧症。拥有双重人格，平时极其内向、害羞，一受刺激就会变得狂热和亢奋。

01

第一章
拜托，别停电

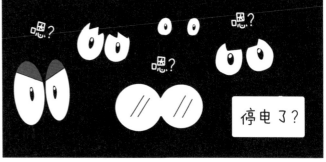

完了！
完了！

嘟嘟……
嘟……

喂，是电力抢修吗？

打通了！

供电显示正常，应该是房子本身电路老化，我们可以派人帮忙检修，但要等到明天。

明天？这次三人篮球决赛事关学校荣誉啊！

对方已经挂断啦！

我和大刚同学约好要看她比赛的！

而且……

重点是……

一定要看哦！

都说已经挂断了！

我绝对不能失约！

啊？

米吴，有什么办法能发电啊！

放开我！咱俩肯定不来电！

七点半了！比赛已经开始了！

不能玩游戏，不能看比赛。

没有 Wi-Fi，没有空调，手机也快没电了。没有电我们什么也做不了！

罗森同学怎么又应激了？

对了，可以用手机看比赛啊！

网速……

好差啊！

2G

信号丢失，正在努力寻找请稍候……

米吴，帮帮我！还有能发电的办法吗？

有啦！有啦！你先放开我啊！

对对对！就是这个！

锵锵！

好啦！现在我们来接上电源，试试机器能不能用。

不是停电了吗？

发电机接电源？好像哪里不对⋯⋯

做科学小白的朋友好难。

电器

供电

发电机

电器通过消耗电来工作，发电机不消耗电，而是产生电！

你看它根本没有插头！

这里有燃料桶，应该是用这个发电！

倒是有个插座！发电后，其他电器就可以插上它用电了。

燃料

呃……

它不会爆炸吧……

啊！

我知道了，那是汽油在燃烧！

对对对！不愧是罗森同学！

这应该是蒸汽机的原理，那电又是从哪里来的呢？

汽油剧烈燃烧，受热膨胀的气体推动活塞和齿轮运动。

打开	关闭	点火	打开

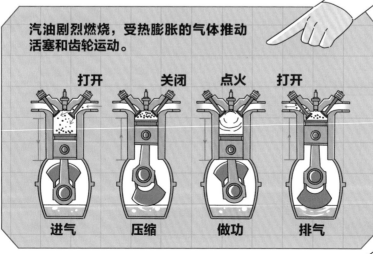

进气	压缩	做功	排气

这就得从电磁感应说起了。

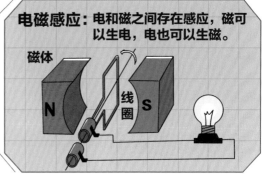

电磁感应： 电和磁之间存在感应，磁可以生电，电也可以生磁。

磁体

N　　S

线圈

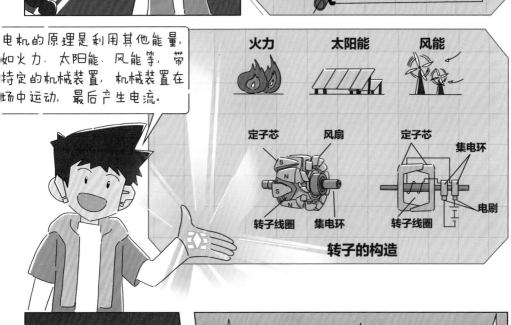

电机的原理是利用其他能量，如火力、太阳能、风能等，带持定的机械装置，机械装置在场中运动，最后产生电流。

火力　　太阳能　　风能

定子芯　　风扇　　　　　定子芯　　集电环

转子线圈　集电环　　转子线圈　　　电刷

转子的构造

我们先把发电机搬回屋吧？

科学少年米吴名不虚传！

米吴同学可真是知识渊博啊！

罗森同学也不赖呀。

罗森同学每次考试都名列前茅，那才是真厉害！

互相吹捧

015

闪电：自然界中的放电现象。
长度：数百米至数千米。
电压：可以达到几千万甚至上亿伏特。
温度：闪电能让周围的空气瞬间达到
2万摄氏度，空气剧烈膨胀并发
出雷声。

闪电能量惊人。

一道闪电的能量大概相当于
一个家庭一个月的用电量。

那我们能直接用
闪电发电吗？

你别放手啊！

当……当我
没说。

打雷时户外很危险!

快进屋!

我必须要提醒一下大家。

会被雷击中的哟!

不要靠近树木。

不要靠近长得高的物体。

不要打电话,更不要边充电边玩手机。

我们现在哪儿来的手玩手机?你是在科普还是在偷懒啊?!

颤抖

颤抖

我最后再说一句:不要靠近金属物体,金属也是会导电的。

金属物体

叮

嗒嗒嗒

远离

嗒嗒嗒

松手

啊

松手

你们干吗？那发电机也是金属做的啊！

要不把发电机留在这儿，我们先进去躲雨吧。

不可以！我一定要看这场比赛！

一定要看？

为什么？

因为这是我们同学的比赛。

这个点……比赛应该快结束了吧。

下次别再做这么危险的事情了。

呼 呼 呼

屋里应该安全吧？

我刚看过了，这栋房子有避雷针！

避雷针：
一根导电的金属，建筑物万一遭受雷击，它可以将电流引入地下。

雨停了！

我们刚进来雨就停了，捉弄人嘛！

夏天的暴雨，来得快去得也快。

插入

电视开了！

哇！

安全提示：湿手不能触碰插座哦！

拍摄者：胖尼

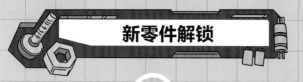

新零件解锁

科学之印的进度又增加了！

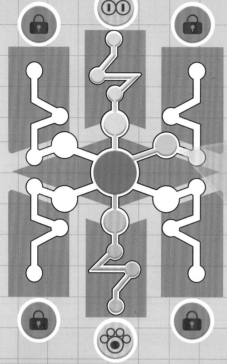

胖尼之翼·残缺版

——翅膀工具箱看着虽小，容量却不可小觑

- 翅膀造型除了可爱还可以产生浮力，减轻重
- 内含丰富多样的工具

周培源

1902—1993

我国现代物理学家、力学家，中国流体力学湍流理论研究的奠基人，被称为世界当代流体力学四位巨人之一。1952 年，他在北京大学领导创建了中国第一个力学专业，为国家输送了数千力学人才。

科学家档案

电磁的历史

早在古希腊时期，人们就发现摩擦过的琥珀能吸引羽毛等轻小物体，磁性矿石能吸引铁片。

东汉时期的王充在《论衡》中也提到琥珀可以吸引微小物体的现象。

战国时期
中国人发明了司南用于指示方向，这也是磁最古老的实际应用。

威廉·吉尔伯特是最早对电磁进行科学研究的人之一。在 1600 年出版的《磁石论》中他把两个物体之间因摩擦而产生力的性质称为电力。

请叫我"磁学之父"！

他还认为地球是个大磁石。

1663 年
德国物理学家奥托·冯·格里克发明了摩擦式静电发生器，这是第一台能产生电火花的机器。

1731 年
英国牧师格雷发现用金属丝把房间里摩擦产生的电引出来可以绕花园一周。他认为电是一种流体，像水一样是可以用容器来贮存的。

1746 年
荷兰物理学家米森布鲁克发明了一种能大量贮存电荷的设备"莱顿瓶"，这个设备成为之后很多电学实验的供电来源。

电是有用的！

1752 年
富兰克林的风筝实验让人们意识到，如果能找到有效的发电方法，就可以产生像雷电那样威力巨大的能量。

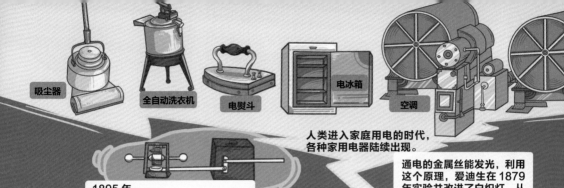

吸尘器　　　全自动洗衣机　　　电熨斗　　　电冰箱　　　空调

人类进入家庭用电的时代，
各种家用电器陆续出现。

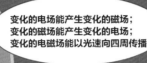

通电的金属丝能发光，利用
这个原理，爱迪生在 1879
年实验并改进了白炽灯。从
此电进入千家万户，各地的
电厂也因此迅速发展起来。

1895 年
意大利的马可尼发明无线电报，促
成了无线电话和无线广播的出现。

变化的电场能产生变化的磁场；
变化的磁场能产生变化的电场；
变化的电磁场能以光速向四周传播。

1865 年
麦克斯韦将电和磁综合为统一的电磁场
理论，为人类进入电气时代奠定了基础。

磁可生电！

1821 年
物理学家法拉第运用这
一特性发明了电动机。

1831 年
法拉第又发现了相反的做法，即磁场的变
化也能产生电场。靠磁铁在运动中产生的
电流，他发明了第一台能产生持续电流的
发电机。

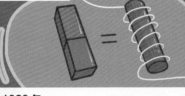

1820 年
英国人斯特金将金属线缠绕在铁棒上，
当金属线通电时铁棒就变成了一块电磁
铁。这一发现促成了各种电力设备的诞生。

电可生磁！

1820 年
丹麦物理学家奥斯特偶
然发现带电流的电线会
影响指南针摆动，电和
磁是有联系的。

1800 年
伏特发现把潮湿物体放在两个
不同的金属之间就会产生电
流，由此他发明了可以提供持
续电流的电池。

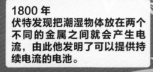

02 | 第二章
超能香蕉实验

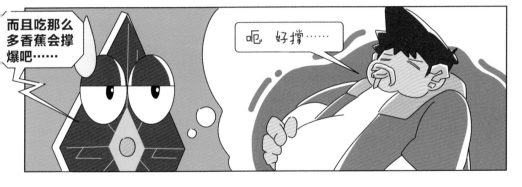

能量守恒定律

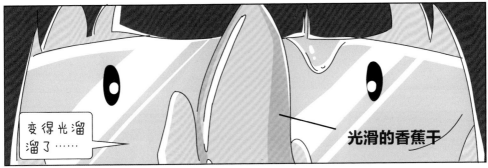

再加点伟大的太阳神力！

光伏板：
利用光伏半导体材料将太阳能转化为直流电能的装置。

怎么感觉越来越不靠谱了……

烤烂的香蕉干

怎么跟我想象的不一样啊！

可霏同学？

041

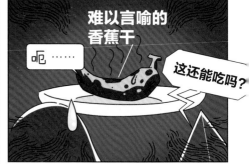

化学能：
物质发生化学变化（化学反应）时释放或吸收的能量。

糖和油是重要的食物能量，通过化学反应融入食材之中。

好了没？我手都酸了。

能量物理学

电能：
现代社会使用最广泛的能量，便于储存和传输。

手机充电器

香蕉支持快速充电吗？

不清楚，但这根香蕉看着像进了急诊室……

势能：
相互作用的物体由于所在位置或弹性形变等而具有的能量。

再来点势能！

弹性势能

夹子

香蕉

重力势能

香蕉掉下去了！

我来接住它！

嘣

哎哟

小心，鱼竿也掉下去了！

搅拌机

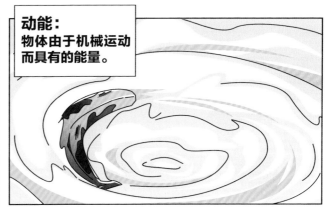

动能:
物体由于机械运动而具有的能量。

擀面杖

敲击

网兜

鸣啊啊啊啊啊!我要注入洪荒之力!

脱手

啊?

啊!花瓶碎了!

核能:
原子核发生裂变或聚变反应时产生的能量。

最后来研究一下如何获得核能……

经过一番解释

啊？谁和你说这样能给食物增加能量的……

那些能量根本不会留在食物中，都会转化成别的形式"逃逸"呀！

新零件解锁

科学之印的进度又增加了!

超级橡皮筋

——可以变大捆东西,也可以缩小绑头发

- 弹力超强
- 经久耐用,怎么弹都不坏

改造后:超级弹弓

我弹了 10 厘米。

我 11 厘米。

你们这不行,看我改造的超级弹弓!

呀!

啊!

米吴,你完了!

我让你超级弹弓!

对不起!

邓稼先

1924—1986

著名物理学家，中国核武器理论研究工作的奠基者之一。他为中国原子弹、氢弹的研制和实验成功做出了重要贡献，将中国国防自卫武器引领到了世界先进水平。由于对中国核科学事业做出的伟大贡献，他于 1999 年被追授"两弹一星功勋奖章"。

科学家档案

能量

能量是物质运动的一种度量，或者说，能量是物质产生变化的根源。

能量的转化

能量有多种形式，彼此之间可以通过一定的方式相互转化。

核能

原子核发生裂变或聚变反应时释放出来的能量。

机械能

包括物体由于机械运动而具有的动能和储存于一个系统内的势能。

风扇

太阳帆

打火石

吸热核反应

原子核裂变聚变

摩擦生热

水蒸气推动热机活塞运动

温差发电

热能

物质燃烧或物体内部分子不规则运动时释放出的能量。温度越高的物质包含热能越大。

凸透镜聚光点火

能量的守恒

能量既不会凭空产生，也不会凭空消失，它只能从一种形式转化为另一种形式，或者从一个物体转移到别的物体上。在转化或转移的过程中，能量的总量保持不变。

这个规律就叫作能量守恒定律！

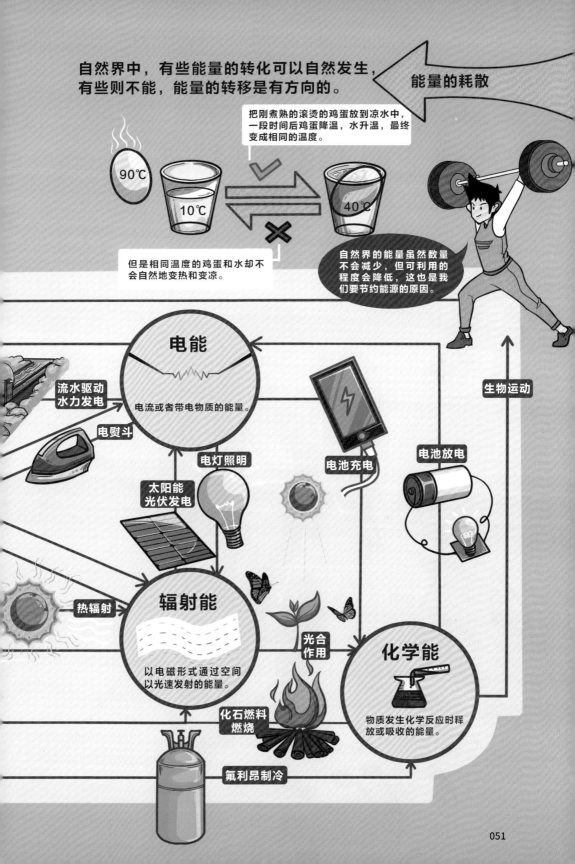

自然界中，有些能量的转化可以自然发生，有些则不能，能量的转移是有方向的。

能量的耗散

把刚煮熟的滚烫的鸡蛋放到凉水中，一段时间后鸡蛋降温，水升温，最终变成相同的温度。

90℃

10℃

40℃

但是相同温度的鸡蛋和水却不会自然地变热和变凉。

自然界的能量虽然数量不会减少，但可利用的程度会降低，这也是我们要节约能源的原因。

电能

流水驱动水力发电

电熨斗

电流或者带电物质的能量。

生物运动

电灯照明

电池充电

电池放电

太阳能光伏发电

辐射能

热辐射

以电磁形式通过空间以光速发射的能量。

光合作用

化学能

物质发生化学反应时释放或吸收的能量。

化石燃料燃烧

氟利昂制冷

03 | 第三章
最差歌手特训

学校音乐教室

长亭外，古道边，
芳草碧连天……

哇！

阿乐老师的
歌声简直是
天籁！

同样是声带振动
发出的声音，为
什么有些人的声
音这么好听？

啪

！

哦呵呵！阿乐学妹还在这个小学校教课啊？

这耀眼的光芒，难道是……

啊……好刺眼！

呵呵呵

金闪闪学姐？你怎么会来这里？

谁说我的学生没前途！唱歌是每个人的权利！

天真！

你说每个人都能唱歌？

那我们各自挑一个学生来比赛吧。

我就选她吧！

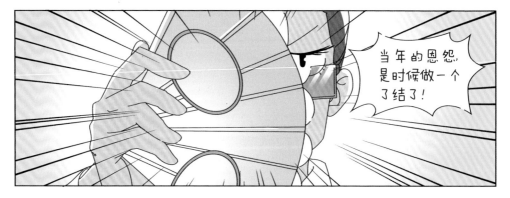

当年的恩怨是时候做一个了结了！

059

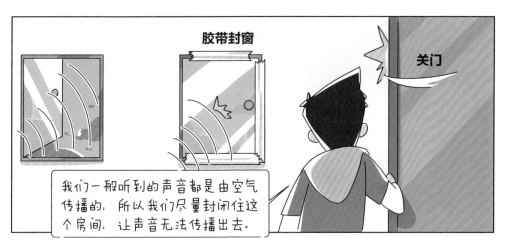

胶带封窗

关门

我们一般听到的声音都是由空气传播的，所以我们尽量封闭住这个房间，让声音无法传播出去。

另外，柔软、多孔的材料可以吸收振动，减小音量。

床垫

真的！好像说话声音都变小了！

不过这个屋子太空了，有混响。

确实……

嗡

胖尼！

回声与混响：
声波遇到障碍物反射或散射回来再度被听到的声音叫作回声。

胖尼，尼，尼……

声源停止发声后，声音由于多次反射或散射而延续的现象被称为混响。

适当的混响可以让声音更饱满，但过度混响会导致声音失真和模糊。

像这样，把柔软多孔的垫子贴在墙上，再增加一些杂物，就可以消除屋内的混响了。

好像有用啊！

真的，不再魔音贯耳了！

别停，接着唱！

哇，安可霏唱歌好像也没那么难听？

可霏最大的问题是爱用嗓子吼。用嗓子发声会吃力，所以她容易不自觉地把音量提得太高。

你要学会用胸腔共鸣，让歌声更浑厚饱满。

小船儿轻轻，漂荡在水中……

变好听了！

很好，接着你要学会控制好声音。因为每个人的声音都会和自己听到的不一样。

你真实的声音听起来是这样的。

哇，好难听！

因为声音不仅会通过耳朵，还会通过骨传导让你听到。

古船岛？那是什么岛？

是骨传导！

新零件解锁

科学之印的进度又增加了！

超级镜面

—— 一面柔软的镜子，可以透光，也可以做哈镜

- 纳米涂层，不留指纹
- 手势感应，电控调光，无级调节透明或反光

魔镜啊魔镜，谁是世界上最美丽的女生？

当然是你了，美丽的可靠大人。

哎呀，瞎说什么大实话。

手势切换透明模式。

嘀

米吴你什么都没看见对不对？!

杨振宁

1922—

中国理论物理学家。研究领域包括统计力学、基本粒子和凝聚态物理学等。他与李政道于 1956 年共同提出宇称不守恒理论，因而获得 1957 年诺贝尔物理学奖，成为最早的华人诺奖得主之一。

科学家档案

022.6

声音的传播

声音是物质振动产生的波动，需要通过液体、固体、气体等介质传播才能听到。

振动发声

气体

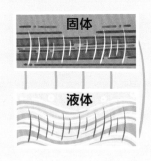

固体

液体

真空

真空中没有介质，不能传播声音。

声音在不同介质中的传播速度不同，温度会影响传播速度。

同介质不同温度
空气（25摄氏度）346米/秒
空气（15摄氏度）340米/秒
空气（0摄氏度）331米/秒

不同介质同温度　（单位：米/秒）

软木　　（15摄氏度）500米/秒
水　　　（15摄氏度）1460米/秒
大理石（15摄氏度）3810米/秒

声音三要素

音调

低音弦比较粗，振动频率低。

声音的高低。

高音弦比较细，振动频率高。

物体振动的频率决定了音调的高低。频率高音调就高，频率低音调就低。

音色

音色也叫音质，不同发声体的材料、结构不同，发出声音的音色也不同。

比如用吉他和琵琶演奏同一首曲子，我们能分辨出二者的区别，这说明不同乐器的音色是不同的。

声音

火箭发射
（204分贝）

在150分贝的环境中，双耳会失去听力。

商用飞机
（140分贝）

雷声
（125分贝）

长期生活在90分贝以上的环境，听力会受到严重影响并引发神经衰弱等疾病。

电锯
（120分贝）

汽车
（108分贝）

超过70分贝，人就会心烦意乱。

抽水马桶
（74分贝）

正常说话
（60分贝）

落叶
（10分贝）

对人来说，15~40分贝是较好的生活环境。

用来表示音量大小的单位是分贝（dB）

响度

声音的强弱叫作响度，也叫音量，主要与声源振动的幅度有关。

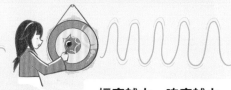

幅度越大，响度越大。

刺耳的电钻声使人紧张，装修的锤打声令人心烦。这些杂乱刺耳的声音称为噪音。

悠扬的音乐令人心情愉悦，美妙的歌声让人陶醉难忘。这些听起来优美动人的声音统称为乐音。

04

第四章
被盗走的烧杯

082

不愧是上一届大赛的冠军团队！

这叫"吴大猷杯科学剧比赛"！是为了纪念吴大猷先生而举办的比赛。

胖尼，查一下！

吴大猷（1907—2000）
著名物理学家、教育家，被誉为"中国物理学之父"，是诺贝尔物理学奖得主李政道和杨振宁的老师。

因为学校收藏了当年吴大猷做实验时用的烧杯，所以，这个烧杯一直被奉为镇校之宝。

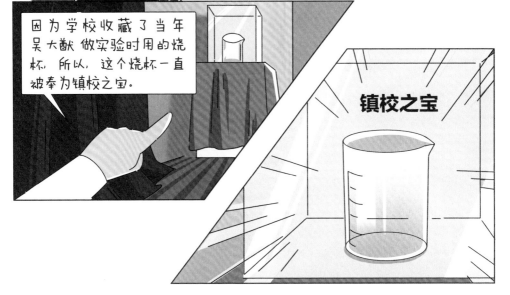

镇校之宝

我们的节目真的行吗? 胖尼要是掉链子怎么办?

还有这个喷雾机, 真的能造出彩虹吗?

相信我, 我已经实验过很多次了。

三棱镜

白光透过三棱镜后, 被分解成红、橙、黄、绿、蓝、靛、紫依次排列的彩色光带, 这种现象叫作光的色散。

彩虹就是天空中的小水珠经日光照射发生折射和反射作用而形成的弧线彩带。

第一个做这个实验的人就是牛顿!

下一个节目开始了。

遇事不决 相信科学

刘科科同学的舞台道具

唉，这是什么？

这是刚才的凸透镜？！

凸透镜是种中间厚、边缘薄的透明镜片，它对光有汇聚的作用，

是凸透，不是秃头！

平行的光线通过凸透镜后会聚到一个点上，这个点是凸透镜的焦点。

凸透镜在生活中的应用很广，如放大镜、照相机镜头都是凸透镜。

如果安置凸透镜，使焦点落在幕布上，就能把太阳光的热量都集中到焦点处，当温度高过幕布的燃点，它就会燃烧。

燃烧！

焦点

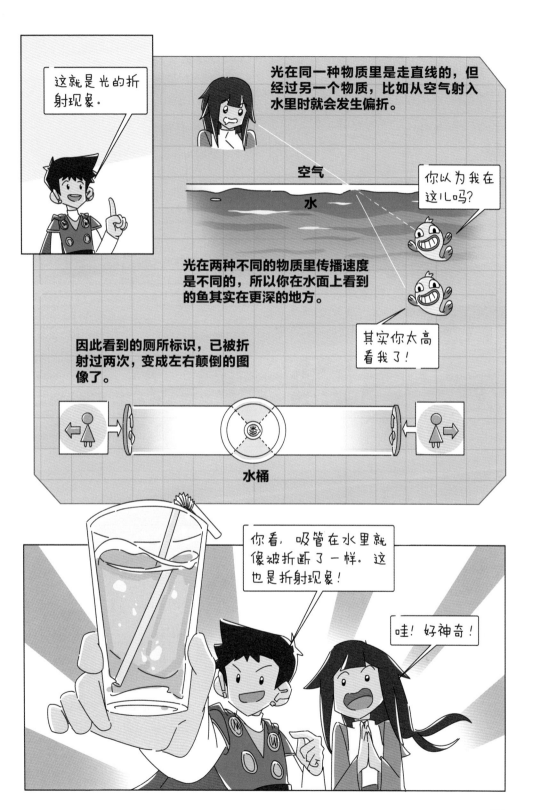

这就是光的折射现象。

光在同一种物质里是走直线的，但经过另一个物质，比如从空气射入水里时就会发生偏折。

空气

水

你以为我在这儿吗？

光在两种不同的物质里传播速度是不同的，所以你在水面上看到的鱼其实在更深的地方。

其实你太高看我了！

因此看到的厕所标识，已被折射过两次，变成左右颠倒的图像了。

水桶

你看，吸管在水里就像被折断了一样。这也是折射现象！

哇！好神奇！

他跑得好快!

汪吼!

胖尼,使用超级弹弓!

啊!

胖尼飞弹!

汪吼! 竟然不是小火龙!

烧杯就在水桶里!人赃并获!

烧杯

甘油

哇! 烧杯真的在里面!

这里面是……甘油?

可这水怎么就变成甘油了? 刚才也没人看见里面有烧杯啊?

甘油

甘油折射率: 1.47

玻璃折射率: 1.51

光直线通过

烧杯

这也是光的魔术哦!

甘油和玻璃对光的偏折能力十分接近。因此当光线通过甘油到达烧杯时,几乎不会发生偏折。而玻璃本身又是透明的,所以玻璃在甘油中就"隐身"了。

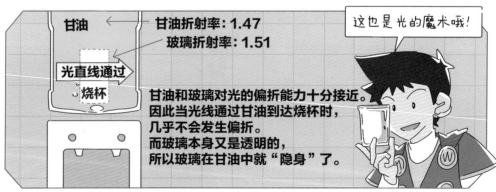

我原本就想趁人不注意藏起烧杯。

刘科科同学意外引起的火灾，正好吸引了大家的注意力……

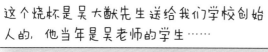
这个烧杯是吴大猷先生送给我们学校创始人的，他当年是吴老师的学生……

嗯嗯！

科学的道路要继续走下去啊！

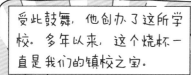
受此鼓舞，他创办了这所学校。多年以来，这个烧杯一直是我们的镇校之宝。

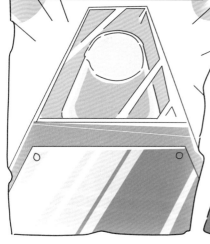

嘻嘻嘻

采购合同

但前段时间，乌德公司想逼学校大量采购他们的教学产品，我发现那些产品有安全隐患，所以拒绝了。

新零件解锁

科学之印的进度又增加了!

超级磁铁

——可以改变磁极和磁力的磁铁

- 具有超强磁力
- 干湿两用
- 可用来遥控科学之印

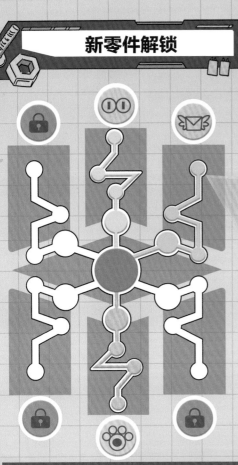

光在空气、水、玻璃中看起来都是一条笔直的线。

光的传播

在同种**密度均匀**的透明物质中，光就是**沿直线传播**的。

光的折射

传播过程中如果经过了不同密度的物质，光线就会发生**偏折**。

凹透镜能把平行光线发散出去

凸透镜能把平行光线聚到一个点上

二者都是利用了光的折射原理

光

光的速度

光速是宇宙间最快的速度，约为 **30 万千米 / 秒**。如果一个人能以光速飞行，他不到 1 秒就能绕地球 7 圈。

天文学家在衡量很大的距离时，会用到**光年**这个单位。光年表示光在真空中 1 年内所走的距离，1 光年约等于 **9.5 万亿千米**！

光的反射

射到物体表面的光会有一部分从物体表面反射出去。

我们的眼睛能看到物体就是因为物体反射的光进入我们的眼睛。

反射
可分为两种：

（一）

一束平行的光照射到光滑的表面上（如镜子、玻璃、金属、水）会被平行地反射出去，这叫镜面反射。

镜面反射的光进入眼睛通常比较刺眼。

（二）

平行光照射在粗糙表面上（如土地、树叶、衣服、书）就会朝四面八方反射，这叫漫反射。

太阳光被苹果漫反射进入我们的眼睛里，所以我们能看到苹果。

光与颜色

太阳光是白色的复合光，它可以被分解成红、橙、黄、绿、蓝、靛、紫各种单色光。

物体对光线的吸收和反射决定了它在我们眼中的颜色。

我们看到的苹果是红色的，是因为苹果把白光中的红色光反射到我们的眼睛，其他单色光都被吸收了。

白色物体把所有颜色的光线都反射出去。黑色物体把所有颜色的光线都吸收进来。

我获得的知识

敬请关注"这不科学啊"

▶ **全网粉丝3000W+**
少儿科普媒体

▶ **有趣好玩的科普内容**
持续更新中

快来添加"这不科学啊"伴学顾问胖尼！

加入米吴专属科普社群
获取更多趣味科学知识